I0076390

V

PETIT SYSTÈME MÉTRIQUE DÉCIMAL

CLASSIQUE POPULAIRE.

Beauvais. — Imprimerie d'Achille Desjardins.

PETIT
SYSTÈME MÉTRIQUE DÉCIMAL
CLASSIQUE POPULAIRE

PAR

Emm. GAVREL.

AUTEUR

des Géographies départementales de l'Oise, du Pas-de-Calais,
de la Somme, de l'Aisne, etc.;
de la Biographie classique populaire des Hommes illustres
du département de l'Oise;
de l'Histoire de France classique populaire;
de l'Encyclopédie classique populaire d'histoire, de géographie,
d'agriculture, etc., etc.

3e ÉDITION
revue, corrigée et augmentée

d'un Questionnaire, des Mesures du temps et d'un grand nombre
de Problèmes.

SENLIS,
LIBRAIRIE CLASSIQUE POPULAIRE
DE D. GAVREL-LEDUC,
place de la Halle, 5,
et chez tous les Libraires de Paris et des départements.
1865.

Chaque exemplaire est revêtu de ma signature

Propriété de l'éditeur ;

PETIT

SYSTÈME MÉTRIQUE DÉCIMAL

CLASSIQUE POPULAIRE.

NOTIONS PRÉLIMINAIRES.

On appelle *système métrique* l'assemblage des poids et mesures dont l'usage est seul autorisé en France depuis le 1er janvier 1840.

Il est appelé *métrique* parce que le mètre en est la base et l'unité principale et invariable.

Le mètre a été pris sur la terre, dont on a divisé la circonférence en 40,000,000 de parties égales auxquelles on a donné le nom de *mètre*, du grec *metron*, qui signifie *mesure*.

Les unités du système métrique sont au nombre de six, savoir :

Le *mètre* ou mesure de longueur,

L'*are* ou mesure de superficie,

Le *stère* ou mesure de volume,

Le *litre* ou mesure de capacité,

Le *gramme* ou mesure de pesanteur,

Le *franc* ou mesure de monnaie, avec leurs *multiples* et leurs *sous-multiples*, excepté le franc qui n'a pas de multiples.

Les *multiples* sont des quantités de dix en dix fois plus fortes que l'unité.

Les *sous-multiples* sont des quantités de dix en dix fois moins fortes que l'unité.

Les *multiples* ou mesures supérieures à l'unité portent le même nom qu'elle, précédé d'un des mots :

Déca, qui veut dire......		10
Hecto,	—	 100
Kilo,	—	 1,000
Myria,	—	 10,000

Les *sous-multiples* portent le même nom que l'unité, précédé d'un des mots :

Déci, qui veut dire dixième, et qui s'écrit			0.1
Centi,	—	centième,	— 0.01
Milli,	—	millième,	— 0.001

Qu'appelle-t-on système métrique et depuis quand est-il en usage? — Pourquoi est-il appelé métrique? — Sur quoi a été pris le mètre? — Quelles sont les unités du système métrique?

Qu'appelle-t-on multiples et sous-multiples? Quels noms portent-ils?

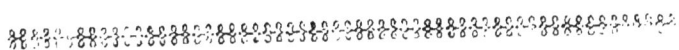

MESURES LINÉAIRES OU DE LONGUEUR.

LE MÈTRE.

Les mesures linéaires ou de longueur servent à évaluer les longueurs ou les distances.

L'unité des mesures de longueur est le mètre, c'est-à-dire la dix millionnième partie du quart du méridien terrestre, ou une mesure quarante millions de fois plus petite que celle du tour de la terre.

Un mètre équivaut à un grand pas d'homme.

Les mesures supérieures au mètre sont : le *décamètre*, l'*hectomètre*, le *kilomètre* et le *myriamètre*.

Le *décamètre* est une longueur de 10 mètres ou une mesure dix fois plus grande qu'un mètre.

Un décamètre équivaut à dix grands pas d'homme.

L'*hectomètre* est une longueur de 100 mètres ou une mesure cent fois plus grande qu'un mètre.

Un hectomètre équivaut à une longueur de cent pas d'homme.

Les petits poteaux, sur les routes, marquent les hectomètres compris entre deux kilomètres. Ces poteaux sont généralement au nombre de quatre et sont marqués des chiffres 2, 4, 6, 8 qui signifient 2 hectomètres ou 200 mètres, 4 hectomètres ou 400 mètres, etc. Ils sont toujours placés à droite des routes.

Le *kilomètre* est une distance de 1,000 mètres ou une mesure mille fois plus grande qu'un mètre.

Un kilomètre équivaut à peu près à un quart de lieue.

Les plus grands poteaux sur les routes indiquent les kilomètres. Après un petit poteau marqué du chiffre 8 vient le grand poteau qui porte le nombre des kilomètres, et après celui-ci viennent encore les petits poteaux marqués 2, 4, 6, 8, puis le grand poteau auquel est ajouté un kilomètre. Par exemple si le dernier grand poteau porte le chiffre 15, l'autre qui vient après, comprenant 10 hectomètres de plus ou 1 kilomètre, portera le chiffre 16.

Le *myriamètre* est une distance de 10,000 mètres ou une mesure dix mille fois plus grande qu'un mètre.

Un myriamètre équivaut à peu près à deux lieues et demie.

Les mesures inférieures au mètre sont : le *décimètre*, le *centimètre* et le *millimètre*.

Le *décimètre* est une mesure dix fois plus petite qu'un mètre.

Un décimètre équivaut à la largeur d'une forte main d'homme.

Le *centimètre* est une mesure cent fois plus petite qu'un mètre.

Quatre pièces de 5 francs en argent ont un centimètre d'épaisseur.

Le *millimètre* est une mesure mille fois plus petite qu'un mètre.

Une pièce de 50 centimes a environ un millimètre d'épaisseur.

Un myriamètre vaut.... 10 kilomètres.

Un kilomètre vaut..... 10 hectomètres.

1.

Un hectomètre vaut... 10 décamètres.

Un décamètre vaut.... 10 mètres.

Un mètre vaut .... 10 décimètres.

Un décimètre vaut .... 10 centimètres.

Un centimètre vaut.... 10 millimètres.

Voici la série des instruments dont on se sert pour mesurer les longueurs :

Un *double décamètre* ou mesure de 20 mètres.

Un *décamètre* ou mesure de 10 mètres.

Un *demi-décamètre* ou mesure de 5 mètres.

Un *double mètre* ou mesure de 2 mètres.

Un *mètre*.

Un *demi-mètre* ou mesure de 5 décimètres.

Un *double décimètre* ou mesure de 2 décimètres.

Un *décimètre*.

Chacune de ces mesures est poinçonnée et porte le nom qui lui est propre.

Les trois premières de ces mesures sont le plus souvent construites en forme de chaînes, et servent aux géomètres pour les opérations de l'arpentage.

Le double mètre et le mètre sont en bois et servent à mesurer les étoffes et la longueur d'un objet quelconque.

On les fait aussi flexibles ou divisés. Ceux

qui sont flexibles sont en étoffe ou en cuir et servent à prendre la circonférence des corps ronds, telle que celle d'un arbre ou la grosseur du corps d'un homme. Ceux qui sont divisés sont construits en bois ou en métal et se plient en dix ou vingt parties. Leur usage est journalier.

Le demi-mètre, le double décimètre et le décimètre se construisent comme le mètre et servent aux mêmes usages.

A quoi servent les mesures linéaires? — Quelle est l'unité des mesures linéaires? — A quoi équivaut le mètre? — Quelles sont les mesures supérieures au mètre? — Qu'est-ce qu'un décamètre et à quoi équivaut-il? — Qu'est-ce qu'un hectomètre et à quoi équivaut-il? — A quoi servent les petits poteaux placés sur les routes? — Qu'est-ce qu'un kilomètre et à quoi équivaut-il? — A quoi servent les grands poteaux placés sur les routes? — Qu'est-ce qu'un myriamètre et à quoi équivaut-il? — Quelles sont les mesures inférieures au mètre? — Qu'est-ce qu'un décimètre, un centimètre et un millimètre? — Combien un myriamètre vaut-il de kilomètres, un kilomètre d'hectomètres, etc.? — Quels sont les instruments dont on se sert pour mesurer les longueurs? — De quelle manière sont construites ces mesures et quel est leur usage?

MESURES DE SURFACE.

LE MÈTRE CARRÉ.

Les mesures carrées servent à évaluer la surface ou la superficie des terrains ou des objets.

L'unité des mesures de surface est le *mètre carré*.

On appelle *mètre carré* un carré d'un mètre de chaque côté.

Les mesures supérieures au mètre carré sont : le *décamètre carré*, l'*hectomètre carré*, le *kilomètre carré* et le *myriamètre carré*.

Le *décamètre carré* est un carré de 10 mètres de chaque côté. On peut se représenter un décamètre carré comme un carré long et large de 10 grands pas d'homme.

L'*hectomètre carré* est un carré de 100 mètres de chaque côté, ou un carré long et large de 100 bons pas.

Le *kilomètre carré* est un carré de 1,000 mètres de chaque côté, ou un carré ayant à peu près un quart de lieue de chaque côté.

Le *myriamètre carré* est un carré de 10,000 mètres de chaque côté, ou un carré ayant près de 2 lieues et demie de chaque côté.

Les mesures inférieures au mètre carré sont : le *décimètre carré*, le *centimètre carré* et le *millimètre carré*.

Le *décimètre carré* est un carré ayant un dixième de mètre de chaque côté.

Le *centimètre carré* est un carré ayant un centième de mètre de chaque côté.

Le *millimètre carré* est un carré ayant un millième de mètre de chaque côté.

Un myriamètre carré vaut 100 kilomèt. car.
Un kilomètre carré...... 100 hectomèt. c.
Un décamètre carré..... 100 mètres carr.
Un mètre carré......... 100 décimèt. car.
Un décimètre carré...... 100 centimèt. c.
Un centimètre carré..... 100 millimèt. c.

A quoi servent les mesures carrées? — Quelle est l'unité des mesures de surface? — Qu'appelle-t-on mètre carré? — Quelles sont les mesures supérieures au mètre carré? — Qu'est-ce qu'un décamètre carré, un hectomètre carré, etc.? — Quelles sont les mesures inférieures au mètre carré? — Qu'est-ce qu'un décimètre carré, un centimètre carré? — Combien un myriamètre carré vaut-il de kilomètres carrés, un kilomètre carré d'hectomètres carrés, etc.?

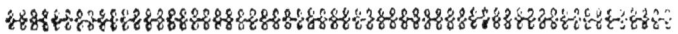

MESURES AGRAIRES.

L'ARE.

Les mesures agraires servent à évaluer l'étendue superficielle des champs.

L'unité des mesures agraires est l'*are*.

On appelle are un carré de terrain ayant 10 mètres de chaque côté. Un are équivaut donc à un décamètre carré.

L'are n'a qu'un seul multiple, qui est l'*hectare*.

On appelle hectare un terrain carré ayant 100 mètres de chaque côté. Un hectare équivaut donc à un hectomètre carré.

L'are n'a aussi qu'un seul sous-multiple qui est le *centiare*.

On appelle centiare un carré de terrain ayant un mètre de chaque côté. Un centiare équivaut à un mètre carré.

Un hectare vaut 100 ares.

Un are........ 100 centiares.

A quoi servent les mesures agraires ? — Quelle est l'unité des mesures agraires ? — Qu'est-ce qu'un are ? — Quel est le multiple de l'are ? — Qu'est-ce qu'un hectare et à quoi équivaut-il ? — Quel est le sous-multiple de l'are ? — Qu'est-ce qu'un centiare et à quoi équivaut-il ? — Combien un hectare vaut-il d'ares, un are de centiares ?

MESURES CUBIQUES.

LE MÈTRE CUBE.

Les mesures cubiques servent à évaluer le volume ou la grosseur des objets, comme le volume d'un tas de pierres. de sable, etc.

L'unité des mesures cubiques est le *mètre cube*.

On appelle mètre cube un cube ayant un mètre de long, un mètre de large et un mètre de haut. Une caisse ayant un mètre sur ses six faces représente un mètre cube.

Le mètre cube n'a pas de multiples: au lieu de dire un *décamètre cube* on dit dix mètres cubes; pour un *hectomètre cube* on dit cent mètres cubes, etc.

Les sous-multiples du mètre cube sont: le *décimètre cube*, le *centimètre cube* et le *millimètre cube*.

Le *décimètre cube* est un cube ayant un décimètre de long, un décimètre de large et un décimètre de haut.

Le *centimètre cube* est un cube ayant un centimètre de long, un centimètre de large et un centimètre de haut. Un dé à jouer, de moyenne grandeur, représente un centimètre cube.

Le *millimètre cube* est un cube ayant un millimètre de long, un millimètre de large et un millimètre de haut.

Un mètre cube vaut.... 1,000 décim. c.

Un décimètre cube vaut 1.000 cent. cub.

Un centimètre cube vaut 1.000 millim. c.

A quoi servent les mesures cubiques? — Quelle est l'unité des mesures cubiques? — Qu'est-ce qu'un mètre cube? — Le mètre cube a-t-il des multiples? — Quels sont les sous-multiples du mètre cube? — Qu'est-ce qu'un décimètre cube, un centimètre cube, etc.? — Combien un mètre cube vaut-il de décimètres cubes, un décimètre cube de centimètres cubes, etc.?

MESURES POUR LES BOIS.

—

LE STÈRE.

L'unité des mesures pour les bois de chauffage et de construction est le *stère*.

On appelle *stère* ou mètre cube un volume de bois d'un mètre de long sur un mètre de large et un mètre de haut.

Le stère n'a qu'un seul multiple qui est le *décastère*.

On appelle *décastère*, un cube de bois égal à 10 stères, ou un volume de bois ayant 10 mètres de long, 10 mètres de large et 10 mètres de haut.

Les mesures inférieures au stère sont : le *décistère*, le *centistère* et le *millistère*.

Le *décistère* est un dixième (0,1) de stère, ou une mesure 10 fois plus petite qu'un stère. Un décistère équivaut à un dixième de mètre cube ou à 100 décimètres cubes.

Le *centistère* est un centième (0,01) de stère, ou une mesure 100 fois plus petite qu'un stère. Un centistère équivaut à un centième de mètre cube, ou à 10 décimètres cubes.

Le *millistère* est un millième (0,001) de stère, ou une mesure 1000 fois plus petite qu'un stère. Un millistère équivaut à un millième de mètre cube, ou à un décimètre cube.

Les instruments dont on se sert pour mesurer le bois de chauffage, sont au nombre de trois :

Le *demi-décastère*, qui a 5 mètres de couche et 1 mètre 667 millimètres de hauteur pour les bois coupés à un mètre de longueur.

Le *double stère*, qui a 2 mètres de couche et 1 mètre de hauteur, pour les bois coupés à 1 mètre de longueur.

Le *stère*, qui a 1 mètre de couche et

1 mètre de hauteur, pour les bois coupés à
1 mètre de longueur.

La hauteur et la couche du *stère*, du *double
stère* et du *demi-décastère* augmentent, si le
bois a moins d'un mètre de longueur, et di-
minuent s'il a plus.

Quelle est l'unité des mesures pour les bois
de chauffage et de construction? — Qu'appelle-
t-on stère? — Quel est le multiple du stère?
Qu'est-ce qu'un décastère? — Quels sont les
sous-multiples du stère? — Qu'est-ce qu'un
décistère et à quoi équivaut-il? — Qu'est-ce
qu'un centistère et à quoi équivaut-il? —
Qu'est-ce qu'un millistère et à quoi équivaut-il?
— Quels sont les instruments dont on se sert
pour mesurer les bois? — Quand la hauteur et
la couche du stère, du double stère et du demi-
décastère augmentent-elles ou diminuent-elles?

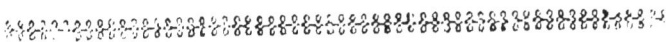

MESURES DE CAPACITÉ.

LE LITRE.

Les mesures de capacité servent pour mesurer les liquides et les grains.

L'unité des mesures de capacité est le *litre*.

On appelle *litre* une mesure contenant un décimètre cube de liquide ou de grains.

Les multiples du litre sont : le *décalitre*, l'*hectolitre* et le *kilolitre*.

Le *décalitre* est une quantité de 10 litres ou une mesure 10 fois plus grande qu'un litre.

L'*hectolitre* est une mesure 100 fois plus grande qu'un litre. Un hectolitre de grains est la moitié à peu près d'un sac.

Le *kilolitre* est une mesure 1000 fois plus grande qu'un litre. Il correspond à 1 mètre cube de liquide ou de grains.

Les sous-multiples du litre sont : le *décilitre*, le *centilitre* et le *millilitre*.

Le *décilitre* est une mesure 10 fois plus petite qu'un litre.

Le *centilitre* est une mesure 100 fois plus petite qu'un litre.

Le *millilitre* est une mesure 1000 fois plus petite qu'un litre.

Un kilolitre vaut 10 hectolitres.
Un hectolitre... 10 décalitres.
Un décalitre.... 10 litres.
Un litre........ 10 décilitres.

Un décilitre .... 10 centilitres.
Un centilitre.... 10 millilitres.

Voici la série des instruments de mesurage pour les liquides et les grains :

Un hectolitre ou mesure de..... 100 litres.
Un demi-hectolitre ou mesure de 50 litres.
Un double décalitre ou mesure de 20 litres.
Un décalitre ou mesure de...... 10 litres.
Un demi-décalitre ou mesure de.. 5 litres.

Un double litre ou mesure de ... 2 litres.
Un litre.
Un demi-litre ou mesure de..... 5 décilitres.
Un double décilitre ou mesure de 2 décilitres,
Un décilitre.
Un demi-décilitre ou mesure de.. 5 centilitres,
Un double centilitre ou mesure de 2 centilitres.
Un centilitre.

Ces mesures sont en cuivre, en fonte ou en tôle et servent pour mesurer les liquides.

Ces mesures sont en bois et servent pour mesurer les grains.

Ces mesures sont en fer blanc et servent pour mesurer le lait et l'huile.

Chacune de ces mesures est poinçonnée et porte le nom qui lui est propre.

À quoi servent les mesures de capacité? — Quelle est l'unité de ces mesures? — Qu'est-ce qu'un litre? — Quels sont les multiples du litre? — Qu'est-ce qu'un décalitre? — Qu'est-ce qu'un hectolitre et à quoi correspond-il? — Qu'est-ce qu'un kilolitre et à quoi correspond-il? — Quels sont les sous-multiples du litre? — Qu'est-ce qu'un décilitre, un centilitre, un millilitre? — Combien un kilolitre vaut-il d'hectolitres, un hectolitre de décalitres, etc.? — Quels sont les instruments dont on se sert pour mesurer les liquides et les grains?

MESURES DE PESANTEUR.

LE GRAMME.

Les mesures de pesanteur servent à évaluer la pesanteur des objets, comme celle d'un morceau de fer, d'un sac de blé.

L'unité des poids est le *gramme*.

On appelle *gramme* le poids d'un millième de litre d'eau pure ou d'un centimètre cube d'eau pure. Une pièce de 20 centimes en argent pèse 1 gramme.

Les mesures supérieures au gramme sont : le *décagramme*, l'*hectogramme*, le *kilogramme*, le *myriagramme* et le *quintal métrique*.

Le *décagramme* est un poids 10 fois plus lourd qu'un gramme.

Une pièce de 2 francs en argent et une pièce de 10 centimes en cuivre pèsent chacune un décagramme.

L'*hectogramme* est un poids 100 fois plus lourd qu'un gramme.

10 pièces de 2 francs en argent, ou 10 pièces de 10 centimes en cuivre, ou encore quatre pièces de 5 francs en argent, pèsent un hectogramme.

Le *kilogramme* est un poids 1000 fois plus lourd qu'un gramme.

Quarante pièces de 5 francs en argent, ou un litre d'eau pure, pèsent un kilogramme.

Le *myriagramme* est un poids 10,000 fois plus lourd qu'un gramme.

Le *quintal métrique* est un poids 100,000

fois plus lourd qu'un gramme, ou un poids de 100 kilogrammes (1).

Les poids inférieurs au gramme sont : le *décigramme*, le *centigramme* et le *milligramme*.

Le *décigramme* est un poids 10 fois moins lourd qu'un gramme. Un décigramme pèse à peu près comme un grain d'orge.

Le *centigramme* est un poids 100 fois moins lourd qu'un gramme, et pèse à peu près comme une graine de lin.

Le *milligramme* est un poids 1,000 fois moins lourd qu'un gramme, et pèse à peu près comme une graine de pavot.

Un tonneau de mer vaut 10 quintaux mét.
Un quintal métrique... 10 myriagrammes.
Un myriagramme..... 10 kilogrammes.
Un kilogramme......, 10 hectogrammes.
Un hectogramme..... 10 décagrammes.
Un décagramme...... 10 grammes.
Un gramme......... 10 décigrammes.
Un décigramme...... 10 centigrammes.
Un centigramme..... 10 milligrammes.

(1) Il y a encore un poids qu'on nomme *tonneau de mer*. Il est équivalant à 1,000 kilogrammes. On n'emploie ce terme qu'abord des vaisseaux.

Voici la série des poids usuels ou instruments de pesage :

	1 poids de 50 kilogrammes.			
GROS POIDS.	1	—	20	—
	1	—	10	—
	1	—	5	—
	1	—	2	—
	1	—	1	—
POIDS MOYENS.	1	—	5 hectogrammes.	
	1	—	2	—
	2	—	1	—
	1	—	5 décagrammes.	
	1	—	2	—
	2	—	1	—
	1	—	5 grammes.	
	2	—	2	—
	1	—	1	—
PETITS POIDS.	1	—	5 décigrammes.	
	1	—	2	—
	2	—	1	—
	1	—	5 centigrammes.	
	1	—	2	—
	2	—	1	—
	1	—	5 milligrammes.	
	2	—	2	—
	1	—	1	—

Ces poids sont en fonte de fer. Leur forme est celle d'une pyramide tronquée.

Ces poids sont en cuivre et sont construits en forme ronde, surmontés d'un bouton. La hauteur de ces poids est égale à leur diamètre. Le bouton est au milieu.

Ces poids sont en laiton et sont construits en forme ronde.

Tous ces poids sont poinçonnés et portent la marque qui indique leur valeur.

Parmi les instruments de pesage, il y a les balances et les bascules. Ces dernières ont l'avantage de demander moins de poids, puisqu'un kilogramme pèse sur une bascule ordinaire 10 kilogrammes, 50 kilogrammes, 500 kilogrammes, etc.

A quoi servent les poids ? — Quelle est l'unité des poids ? — Qu'est-ce qu'un gramme? — Quels sont les poids supérieurs au gramme? — Qu'est-ce qu'un décagramme et quel est son poids comparé à la monnaie? — Qu'est-ce qu'un hectogramme, un kilogramme et quel est leur poids comparé à la monnaie? — Qu'est-ce qu'un myriagramme? — Qu'appelle-t-on quintal métrique? — Qu'entend-on par tonneau de mer ? Quels sont les poids inférieurs au gramme? — Qu'est ce qu'un décigramme, un centigramme, un milligramme? — Combien un tonneau de mer vaut-il de quintaux métriques, un quintal métrique de myriagrammes, un myriagramme de kilogrammes, etc.? — Quels sont les poids ou instruments de pesage dont on se sert? — Quel est l'avantage des bascules sur les balances?

MESURES POUR LES MONNAIES.

—

LE FRANC.

Les monnaies sont destinées à représenter la valeur ou le prix des objets. Elles sont en cuivre, en argent, ou en or.

L'unité des monnaies est le *franc*.

Le *franc* est une pièce d'argent qui pèse 5 grammes. Il est formé de 9 parties d'argent pur et d'une partie de cuivre fondues ensemble.

Les autres pièces de monnaies en argent sont :

Le *demi-franc*, ou pièce de 50 centimes, qui pèse 2 grammes et demi.

Le *cinquième de franc*, ou pièce de 20 centimes, qui pèse un gramme.

La *pièce de 2 francs*, qui pèse 10 grammes.

La *pièce de 5 francs*, qui pèse 25 grammes.

Les pièces en or sont au nombre de cinq, savoir :

La pièce de 100 fr. qui pèse 32 gr. 258 mil.

—	50	—	16	—	129	—
—	20	—	6	—	451	—
—	10	—	5	—	225 1	2
—	5	—	1	—	615	—

Les pièces en cuivre sont au nombre de quatre, savoir :

La pièce de 0,10 centimes qui pèse 10 gram.

—	0,05	—	5	—
—	0,02	—	2	—
—	0,01	—	1	—

A quoi servent les monnaies? — Quelle est l'unité des monnaies? — Qu'est ce que le franc? — Combien pèse t il? — Quelles sont les autres pièces de monnaie en argent et quel est leur poids? — Quelles sont les pièces en or et quel est leur poids? — Quelles sont les pièces en cuivre et quel est leur poids?

FIN DU SYSTÈME MÉTRIQUE DÉCIMAL CLASSIQUE POPULAIRE.

MESURES DU TEMPS.

LE JOUR.

L'unité des mesures du temps est le *jour*.

Le *jour* est le temps que met la terre à tourner sur elle-même, ce qui produit le jour et la nuit.

Une année est le temps que la terre met à tourner autour du soleil, ce qu'on appelle révolution.

L'année se divise en 365 jours ; le jour en 24 heures ; l'heure en 60' minutes ; la minute en 60" secondes ; la seconde en 60''' tierces.

Dans les opérations commerciales l'année est de 360 jours divisés en 12 mois de 30 jours chacun.

L'année se divise en 12 mois, en 4 saisons de 3 mois chacune, et en 52 semaines.

Les 12 mois sont : *janvier, février, mars, avril, mai, juin, juillet, août, septembre, octobre, novembre, décembre.*

Les mois de janvier, mars, mai, juillet, août, octobre et décembre ont 31 jours ; les mois d'avril, juin, septembre et novembre 50 jours ; celui de février a 28 jours, et 29 dans les années bissextiles.

Les 4 saisons sont : le *printemps*, l'*été*, l'*automne* et l'*hiver*.

La semaine est de 7 jours, qui sont : *lundi, mardi, mercredi, jeudi, vendredi, samedi* et *dimanche*.

La terre met 365 jours 5 heures 48' 51" pour faire sa révolution autour du soleil. Comme on ne compte l'année que de 365 jours, tous les quatre ans on ajoute un jour à l'année qui est alors de 366 jours, et se nomme *bissextile*. Dans les années bissextiles le mois de février a 29 jours.

Dans le *calendrier républicain* qui a été adopté en 1792, l'année commençait le 22 septembre ; elle se divisait en 12 mois chacun de 50 jours, suivis de 5 jours *complémentaires*, et de 6 jours dans les années bissextiles ; chaque mois se divisait en 5 *décades*, ou semaines de 10 jours.

Les noms des mois étaient : *vendémiaire, brumaire, frimaire* pour l'automne ; *nivôse, pluviôse, ventôse* pour l'hiver ; *germinal, flo-*

réal, *prairial* pour le printemps; *messidor*, *thermidor* et *fructidor* pour l'été.

Les noms des jours étaient : *primidi*, *diodi*, *tridi*, *quartidi*, *quintidi*, *sextidi*, *septidi*, *octidi*, *nodidi* et *décadi*, jour de repos.

Le jour fut divisé en 20 heures, l'heure en 100', la minute en 100'' et la seconde en 100'''.

Ce calendrier, quoi que plus beau, plus juste, plus convenable aux populations agricoles auxquelles il enseignait l'état du temps et leurs travaux, fut abrogé le 11 nivôse an XIV (premier janvier 1806).

Quelle est l'unité des mesures du temps? — Qu'est ce que le jour? — Qu'est ce qu'une année? — Comment se divise l'année? — Comment se divise l'année dans les opérations commerciales? — Nommez les mois? — Quels sont les mois qui ont 31 jours, 30 jours, 28 ou 29 jours? — Nommez les saisons? — Qu'est ce que la semaine? — Qu'appelle-t-on année bissextile? — Comment était composée l'année républicaine? — Nommez-en les mois. — Nommez-en les jours, etc.

FIN DES MESURES DU TEMPS.

PROBLÈMES

PROBLÈMES

SUR LE

PETIT SYSTÈME MÉTRIQUE DÉCIMAL CLASSIQUE POPULAIRE.

---

1. Sur quoi sont basées les mesures métriques?

2. De quoi l'are dérive-t-il?

3. De quoi le stère dérive-t-il?

4. De quoi le litre dérive-t-il?

5. De quoi le gramme dérive-t-il?

6. De quoi le franc dérive-t-il?

7. Un homme a fait un chemin de 4 décamètres; combien a-t-il fait de pas, ses pas étant d'un mètre?

8. Un autre homme a fait un chemin de 6 hectomètres 9 décamètres 5 mètres; combien a-t-il fait de pas?

9. Pierre a fait 5 kilomètres 7 hectomètres 8 décamètres 9 mètres; combien a-t-il fait de pas?

10. Jules a fait 5 myriamètres 9 kilomètres 2 hectomètres 4 décamètres 7 mètres ; combien a-t-il fait de lieues et de pas ?

11. Si sur une route vous avez à votre gauche les poteaux hectométriques et kilométriques, êtes-vous à droite ou à gauche de la route ?

12. Quand vous êtes à gauche d'une route, les chiffres marqués sur les poteaux vont-ils en augmentant ou en diminuant ?

13. Si, étant à gauche de la route, vous avez près de vous le poteau hectométrique 8, quel chiffre doit porter le poteau placé devant vous ?

14. Je suis à gauche de la route et j'ai près de moi le petit poteau numéroté 6, quel chiffre dois-je trouver sur le poteau placé devant moi ?

15. Combien y a-t-il de poteaux hectométriques et kilométriques sur une route de 37 kilomètres 8 hectomètres ?

16. Combien doit-on payer 475 mètres de drap, quand un décimètre coûte 5 fr.

17. On demande le prix d'un mètre d'étoffe, quand 0 mètre 40 coûtent 10 fr. ?

18. Dites le prix de 9 décimètres de galon en or, à 6 fr. 25 le mètre.

19. On a payé 115 fr. pour 25 centiares de terre ; quel est le prix de l'are ?

20. Quand 25 hectolitres de vin sont payés 1,012 fr. 50 c. ; quel est le prix du litre ?

21. Que doivent coûter 8 centimètres cubes, si le mètre cube coûte 895 fr. ?

22. Quel est le poids de 175 pièces de 20 fr. ?

23. Quel est le poids de 119 pièces de 10 fr. ?

24. Quel est le poids de 196 pièces de 5 fr. en or ?

25. Quel est le poids de 107 pièces de 1 fr. ?

26. Quel est le poids de 824 pièces de 0,20 cent. ?

27. Quel est le poids de 715 pièces de 5 fr. ?

28. Quel est le poids de 907 pièces de 0,10 cent. ?

29. Combien faudrait-il de pièces de 2 fr. pour faire 20 kilog. 5 hectog. 9 décag. ?

30. Quelle serait la charge d'un cheval qui porterait 860 fr. en pièces de 0,10 cent., 940 fr. en pièces de 0,05 cent. et 421 fr. en pièces de 0,02 cent. ?

31. Quel est le poids de 475 litres d'eau ?

32. Quel est le poids de 25 décalitres d'eau ?

33. Combien y a-t-il de litres dans 24 kilog. d'eau ?

34. Combien y a-t-il de litres dans 715 kil. 25 décag. d'eau ?

35. Quel est le poids de 120 décimètres cubes d'eau ?

36. Combien y a-t-il de mètres cubes dans 672 mètres ?

37. Combien y a-t-il de décimètres cubes dans un stère ?

38. Combien y a-t-il de kilolitres dans 12 mètres cubes ?

39. Quel est le poids de l'eau pure contenue dans un vase de 9 litres 4 décilitres ?

40. Une pièce de terre contenant 143 hectares 32 ares a été vendue 270,170 fr. 45 c., quel est le prix de l'hectare et de l'are ?

41. Quelle est la longueur d'une chaîne d'arpenteur d'un décamètre, pliée en 50 parties égales ?

42. Quelle est la longueur d'un mètre en bois plié en dix parties égales ?

43. Quelle est la surface d'une porte ayant 2 m. 45 cent. de haut sur 1 m. 08 cent. de large ?

44. Quelle est la surface d'un mur ayant 32 mètres de long sur 5 m. 15 cent. de haut ?

45. Quelle est la surface d'un terrain ayant 3 kilomètres 7 hectomètres de longueur sur 1 kilomètre 47 décamètres de largeur?

46. Le produit de deux nombres est 209 mètres carrés 40 décimètres carrés; l'un de ces nombres est 89, quel est l'autre?

47. Combien y a-t-il d'hectares, d'ares et de centiares dans une pièce de terre ayant 265 mètres 65 cent. de longueur sur 198 mètres 90 cent. de largeur?

48. Combien y a-t-il de centiares dans 7 mètres carrés?

49. Un homme de force ordinaire peut porter 125 kilogr.; on demande quelle somme il pourrait porter en argent?

50. Un père de famille a laissé en mourant, à ses trois enfants, une pièce de terre de 327 mètres 70 cent. de longueur sur 119 mètres 10 cent. de largeur. Ils veulent tous se la partager sur la largeur pour leur commodité, parce qu'elle aboutit sur une route; combien chaque pièce aura-t-elle de largeur et contiendra-t-elle d'ares et de centiares, et combien la pièce entière contient-elle d'hectares, d'ares et de centiares?

FIN.

www.ingramcontent.com/pod-product-compliance
Lightning Source LLC
Chambersburg PA
CBHW071431200326
41520CB00014B/3662